崆峒山

崆峒山国家地质公园
中国国土资源作家协会科普委员会 编

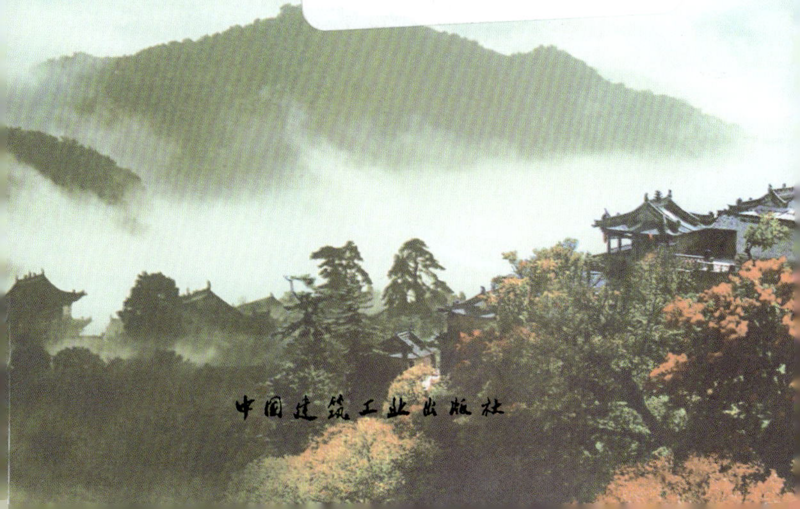

中国建筑工业出版社

图书在版编目（CIP）数据

崆峒山/崆峒山国家地质公园，中国国土资源作家协会科普委员会编. —北京：中国建筑工业出版社，2011.9

ISBN 978-7-112-13464-9

Ⅰ.①崆… Ⅱ.①崆… ②中… Ⅲ.①山-地质-国家公园-介绍-平凉市 Ⅳ.①S759.992.423

中国版本图书馆CIP数据核字（2011）第156373号

责任编辑：唐　旭　李东禧
责任校对：关　键　姜小莲

国家地质公园口袋书
崆峒山

崆峒山国家地质公园
中国国土资源作家协会科普委员会　编

*

中国建筑工业出版社出版、发行（北京西郊百万庄）
各地新华书店、建筑书店经销
北京画中画印刷有限公司印刷

*

开本：787×960 毫米　1/32　印张：3¼　字数：137 千字
2011 年 9 月第一版　2011 年 9 月第一次印刷
定价：28.00 元

ISBN 978-7-112-13464-9
(21205)

策划人：张晶　李东禧
主编：黄新燕　张晶　张燕如
编委会：崆峒山国家地质公园
中国国土资源作家协会科普委员会
特约编辑：唐旭
版面设计：罗昱

序言

书写：中国的地质公园

黄新燕

我是在5年前“北漂”之后，在国土资源部东侧的中国地质博物馆大楼里，才听说“地质公园”这个名词的。几年来，由于工作的关系，其他公园已渐被我所忽略，唯有地质公园，终成我的最爱。

何谓“地质公园”，搜索百度，有百科名片如此定义：

中华人民共和国国家地质公园，是由中国行政管理部门组织专家审定，由中华人民共和国国土资源部正式批准授牌的地质公园。中国国家地质公园是以具有国家级特殊地质科学意义、较高的美学观赏价值的地质遗迹为主体，并融合其他自然景观与人文景观而构成的一种独特的自然区域。

世界地质公园是以其地质科学意义、珍奇秀丽和独特的地质景观为主，融合自然景观与人文景观的自然公园。由联合国教科文组织选出，此计划在2000年之后开始推行，目标是选出超过500个值得保存的地质景观加强保护。至2010年，中国已有24处地质公园进入联合国教科文组织世界地质公园网络名录。

其实，在“50后”、“60后”、“70后”甚至“80后”的几代地质工作者心目中，地质公园，就是21世纪人类的伟大杰作！

与地球46亿年的漫长历史相比，只有300万年的人类历史短若一瞬。

然而，自从有文明史以来，人类就以地球上任何一种生物不曾有过的方式在起劲儿地改天换地。

而今，人类感觉到了生存的危机，开始更深刻地关注和探究自己所居所依的这个星球以及它和人类的关系。“地球的过去，其重要性绝不亚于人类自身的历史，应该学会保护地球的记录，阅读人类出现以前写下的这部书。”这是1991年6月13日，聚集于法国迪涅（Digne)的30多个国家的100多位代表在《国际地球记录保护宣言》中发出的呼吁。

1999年2月，作为对迪涅宣言的响应，在经过几年的酝酿和筹划之后，联合国教科文组织在巴黎创立了“Geopark”（地质公园，Geological park）这一名词，并正式提出了“创建具独特地质特征的地质遗址全球网络，将重要地质环境作为各地区可持续发展战略不可分割的一部分予以保护”的地质公园计划。

由于复杂的地质构造条件和地理背景，中国无疑是世界上地质景观最为丰富多样的国家，在全球的地质公园中占有举足轻重的地位。华夏大地拥有令人炫目的地质遗迹，五岳之中心的嵩山，不仅有闻名遐迩的少林寺，还是一部地质学百科全书；让世界震惊的云南澄江动物化石群，是“世界近代古生物学研究史上最罕见和最拨动人心的发现”；还有云南的石林、浙江的雁荡山、安徽的黄山、阿拉善的沙漠、甘肃的崆峒山……

学会发现和保护地球的记录，就等于是学会阅读人类出现以前的史书。

人类正以全新的视角，重新审阅地球这部巨著，了解、熟悉这个蔚蓝星球，进而建立真正的和谐家园。

联合国教科文组织之所以要提出地质公园计划，是因为在“世界遗产名录”和“人与生物圈计划”等已有的国际自然遗产保护计划中，均没有包含对地质景观体在科学和美学上价值的认识。而这些地质遗产的重要价值还仅仅局限于各个国家及区域之内。世界性的地质公园计划可以提供极好的方式，便于国际社会对这些重要地质遗产给予承认和支持。

特别值得注意的是，与“世界遗产名录”和“人与生物圈计划”的目标有所不同，地质公园计划明确提出，它的意义和重要补充作用在于，推进旅游业和就业，促进教育、科学研究以及所在区域的可持续发展。

这些公园的创建，不仅仅是一种形式，而且闪烁着人类理性、知性的美丽光芒。

它的十分朴实且现实的意义在于：一是方便保护地质遗迹，合理而科学地开发、利用地质遗迹资源；二是普及地学知识，既有对自然景观的人文解释，又有来自地质科学的解释，从而使地质公园既有趣味性，更有科学性；三是将地质公园作为科学研究和科学知识普及的重要场所；四是尝试一种新的地质资源利用方式，发挥地质遗迹独特的观赏和游览价值；五是发展地方经济，改变传统的生产方式和资源利用方式，为地方旅游经济的发展提供新的机遇；六是地质工作以新模式服务于社会经济，打造更贴近生活和市场的经济增长点。

确定操作这部《地质公园口袋书》（丛书），源于我们传播地球科学的理念，源于我们要彰显建立地质公园的意义，源于我们丰厚的地质文化，所以我们十分“给力”。

说起口袋书——其实对口袋书至今尚无准确的界定，大抵是指开本小于32开，印张大致不超过10个的书。

口袋书的兴起，最早可以追溯到1935年7月，英国伦敦出版的“企鹅丛书”。这套丛书3年间销售2500多万册，获得巨大成功。口袋书从此流行于世并引发了一场“纸皮书革命”，对欧美国家的出版业产生了深远的影响，甚至与美国发明柯达克罗姆彩色胶片一起被列入20世纪的人类发明、人类冒险和不寻常的事件当中。

口袋书之所以在西方兴起并流行到现在，最主要的原因是在于它的便于携带，可以在上下班的公车上、地铁里随手翻阅。特别贴合见缝插针式的阅读习惯与“读书以消闲”的阅读目的。在许多西方国家，“口袋书”的产生往往是这样的：一本书先做精装本，卖得好，就再出平装书，最后才出“口袋书”，“口袋书”处在销售的最后一拨。

中国式的口袋书自出现之时就一直是精品书的另一代名词，能以口袋书的形式出版的总以名著缩写本、古诗词选为最，再不济也得是名言警句精华本之流。而我们真正注意到“口袋书”，不过是几年之间的事情。

其实，早在中国古代也有小开本的书，古人称为“巾箱本”或“袖珍本”或“掌上本”。经史子集都有，它最重要的用处和“好处”就是能藏在长袖中，便于考场作弊。到了20世纪中后期，发行量最大的口袋书得算是《毛主席语录》和《新华字典》了。

我们把地质公园书写和制作成为“口袋书”的形式，是一种尝试，是一种创新，希望我们能够拿出名副其实的“口袋书”。

能装进百姓休闲服口袋里的《国家地质公园口袋书》，由此应运而生。

目录

巍峨崆峒山

崆峒山

玉帝望北斗
钻羊洞
大象
胭脂峡景区
问津处
胭岩插翠
麦垛山
西门票务中心
香沿生态观光道
瑙泉
天台山
老君峰
太清宫
弥陀寺
翠屏山
通天桥
鼠跃晾经台
凤凰岭
狮子岭
西台
舍身崖
香山景区
朝阳洞
磨针观
上天梯
遇真宫
药王洞
朝天门
太阳掌
天仙宫
香山寺
笄头山
蜡烛峰
三教洞
混元顶
净乐宫
皇城
雷声峰
八仙台
斗姆宫
插香台
茶庵寺
棋盘岭
羊不烂山
苍松岭
赵时春读书处
打儿窝
候旨沟
万大峡谷景区

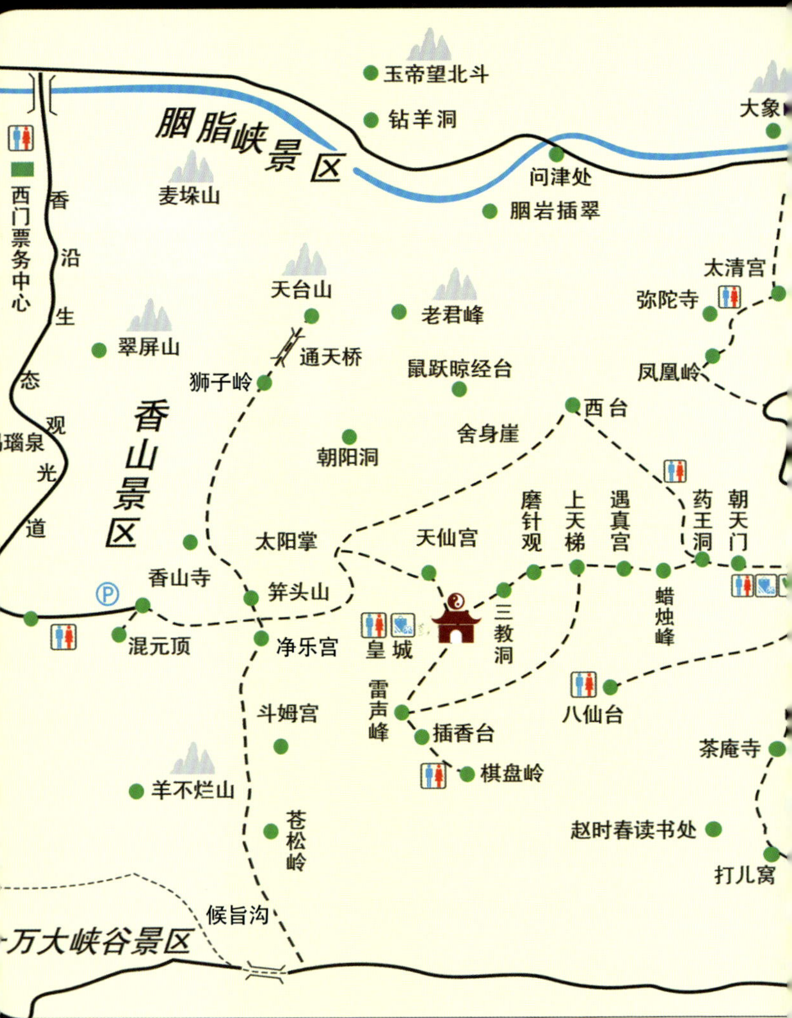

区导游图

胭脂河
连霍高
票务中心
五台景区
观音堂
北台
朽木桥
招鹤堂
三教禅林
望驾山
崆峒风情大道
塔院
法轮寺
飞升宫
索道
玄鹤洞
东台
客中心
南门票务中心
问道宫
至平凉
宫
聚仙桥
湖
翠微山
弹筝峡景区
筝
境
南台
游船客运中心
至崆峒
弹
观音庵
索道票务中心
王母宫
峡
泉
车行道
景区步行道
索道
游览景点
停车场
河流
游客中心
桥梁
公用电话
卫生间
医疗点
购物区

弹筝湖公园
宁夏
五星级广成大酒店
至兰州
至彭阳
西阳
安国
崆峒山
Kongtong Mountain
(AAAAA)
大秦
崆峒镇
龙隐寺(A)
Longyin Temple
弹筝湖公园
Shells Cheng Lake Park
崆峒古镇·问道驿站
平凉市
(崆峒区)
Kongtong District
太统森林公园(AAA)
Taitong Forest Park
南山生态公园(AAA)
South Mountain Ecological Park
麻武
庄浪
十万沟—大阴山景区
Shiwan Valley- The Yinshan
华亭
崆峒古镇·问道驿站
太统森林公园
十万沟—大阴山
南山生态公园
图例
区政府
乡、镇
河流
景点
国道
铁路
高等级公路
区界

龙隐寺
庆
阳
路
潘
杨
洞
河
河
河
香莲
林公园
ain Forest Park
草峰镇
观音殿
Guanyin Hall
北山森林公园
泾
四十里铺镇
泾川
河
清福山
Qing fu Mountain
索罗
白水镇
大寨
花所
至西安
灵台
崇信
至宝鸡
柳湖公园

崆峒山风景名胜导游
香山寺
斧头山
太阴峰
狮子顶
斗姆宫
静乐宫
黄龙泉
朝阳洞
天台山
棋盘岭
天仙宫
老君峰
三教洞
磨针观
上天梯
黑龙泉
雷声峰
插香台
朝天门
老营房
中台
七真观
赵时春读书处
崆峒仙境
日月石
观音庵
五龙宫
上清宫
弥陀寺
灵龟台
小北台
北台
桃花坪
(停车场)
舒化寺
法轮寺
南台
炼丹泉
王母宫
宝庆寺
龙须沟
问道宫
三教禅林
望驾山
钻羊洞
问津处
大象山
二郎石
停车场
聚仙桥
崆峒山

公园概况

崆峒山国家地质公园位于甘肃省平凉市西郊12km处，景区规划面积136km^2。公园在自然地理景观上属丹霞地貌，是黄土高原上独有的自然奇观。

崆峒山属六盘山支脉，海拔高度1800~2200m，主峰海拔2123m。崆峒山属温带半湿润气候区，园内沟谷深切，多呈“V”字形，崆峒后峡一带形成峡谷，两岸是由三叠系、白垩系砾岩、砂岩形成的峭壁，相对高差达500~600m，山势险峻，孤峰林立，岩壁陡直，层峦叠嶂，气势雄伟。景区内为泾河水系，崆峒山前峡泾河由颉河及其他支沟汇集而成，属降水补给型河流；崆峒山胭脂峡有常年地表河流——胭脂河；两河交汇环抱于望驾山脚下，流域面积约185.6km^2。景区内有多处山泉，胭脂峡地区地下水埋深3~5m，水质好，甘甜爽口，其他各项指标均符合生活饮用水卫生标准，是较好的饮用水源。

崆峒山以峰为骨，以林为肉，山峰雄伟，林海浩瀚，在占地84km^{2}的景区之内，山清水秀，胜景纷呈，奇峰耸峙，林海莽莽；溪流清泉、飞瀑幽潭遍布；嶙峋怪石、幽奇涵洞随处可见；峰峦耸立之处，危崖峭壁直

五指峰

上，寺庙道观若隐其间，三教禅林、招鹤堂、老君殿、法轮寺、塔院、观音堂、紫霄宫，苍松古柏掩映，香火缭绕。遍布山间的8台、9宫、12院、42座古建筑、72处洞府，呈现一派道教神山、佛门胜地气象。

崆峒山历史悠久，闪烁着中华民族灿烂文化的光芒。这里因为有“黄帝问道”而成为道教的发源地，同时这里也是佛教胜地，道佛共居一山，成为崆峒山一大特色。崆峒山素有“西镇奇观”、“中华道教第一山”的美誉，盛名传于海内外。历代名士文人在此也留有大量的诗词、碑记、石刻和游记诗文。

1994年以来，崆峒山地质公园先后获得了“国家重点风景名胜区”、“国家首批5A级旅游景区”、“国家级自然保护区”、“中国最具吸引力的地方”、“中国最值得外国人去的50个地方”、首批“中国旅游文化示范地”、“中国十大道教文化旅游胜地”、“中国最美的十大宗教名山”、“中华民族文化生态旅游最佳目的地”和“建国六十周年——中国最具投资价值旅游景区”等桂冠。2002年10月，崆峒山地质公园顺利通过ISO9001、ISO14001质量、环境管理体系国际认证。2003年7月26日，国家邮政局发行了以崆峒山最具代表性的景观——皇城、弹筝峡、塔院和雷声峰组成的“崆峒山”特种邮票。崆峒山现已成为古丝绸之路上的热点旅游景区和甘肃省黄金品牌旅游景区。

崆峒山集奇险灵秀的自然景观和古朴精湛的人文景观于一身，具有极高的观赏、文化和科考价值。

崆峒山门

地质遗迹景观的成因

崆峒山属六盘山支脉，受差异风化、水冲蚀、崩塌等外动力作用，形成了孤山峰岭、峰丛广布、洞穴发育、怪石突兀、山势险峻、气势雄伟奇特的丹霞地貌景观。这种以下白垩系浅紫红色调为主的巨厚层砾岩自然地貌，是受我国少有的南北向构造主导、新构造运动频繁作用形成的，是国内丹霞地貌类型中形成时代较早的类型，是大面积黄土高原上独有的自然奇观。其主要地质成因为：受地质新生代初期的喜马拉雅山运动的影响，白垩系的紫红色、灰绿色、浅黄色砾岩地层，发育了多组节理、裂隙和小型断层，在流水、重力等作用下，形成以石峰、峰林为主的高海拔地区的丹霞地貌。

峰林庙宇

地质公园的主要看点

景区内主要地质遗迹多分布在后峡、香山及五台—皇城地区，其主要地质看点有：

丹霞地貌

石柱群（群峰争艳）

分布在后峡北侧，海拔高程1838m，白垩系砾岩沿节理风化成一个个孤立的峰岭、石柱。石柱一般高20~30m，个别高达百米，直矗云端、气势磅礴；苍松攀生于柱端，气象万千，千姿百态，是旅游的重要景点，该景点是典型的丹霞地貌地质遗迹。

方山

形态各异的石柱

（妹峰、双石塔、玉女峰等）

分布在后峡峰沟一带，海拔高程1700~2000m，白垩系暗紫红色厚砾

层岩沿垂直节理裂隙，在降水和风化作用下，岩石逐渐剥落、崩塌，形成并列或各自独立的石柱，石柱中间的层理往往夹有薄层泥质，泥质抗风化能力弱，在石柱中形成多处凹槽，使石柱具有了不同的形态，增加了它的美感和情趣，有了各自独特风趣的名字。

三珠洞天

奇异神秘的洞穴

（三珠洞天、通天洞、鹰哺图）

分布在后峡公路边，海拔高程1830m左右，白垩系暗紫红色砾岩胶结不均匀，局部抗风化能力较弱，在流水的作用下，沿节理裂隙形成串珠状或单个的洞穴，进一步发展贯通成为通天洞，洞穴内或大或小，弯弯曲曲，奇特神秘，僧人给这些洞穴编撰了许多故事来赞美它。

造型山（大象山、龟蛇对峙）

分布在后峡沟口和北部山区，白垩系砾岩中的节理、层理相互切割，将岩体分割成奇特的造型山，有的像大象吸水，有的如龟蛇。

双石塔

外动力形成的地质遗迹景观

分布在崆峒山地质公园北部，海拔高程1800m左右，为一山前高台地，地形微向南倾，由于受地震作用的影响，垂直节理十分发育的白垩系砾岩大量崩塌，巨石堆砌在台地上，形成了大面积巨石滩，有的搭砌在一起形成“人字洞”，有的巨石从中间沿层理开裂，成为形似兔耳的“兔耳石”……游人站立在巨石之下仰望，顿时发现自己是多么渺小。

地质构造景观

层理（斑马山）

分布在崆峒山地质公园西部，该地白垩系为一套薄层灰色、紫灰色相间沉积的泥岩、砂岩地层，水平层理十分发育。由于岩层颜色和岩性的不同，层理特别清晰，形成了灰紫色相间形似斑马的花纹——故称的斑马山，反映了沉积环境和古气候变化的规律，具有很高的科研价值和观赏价值。

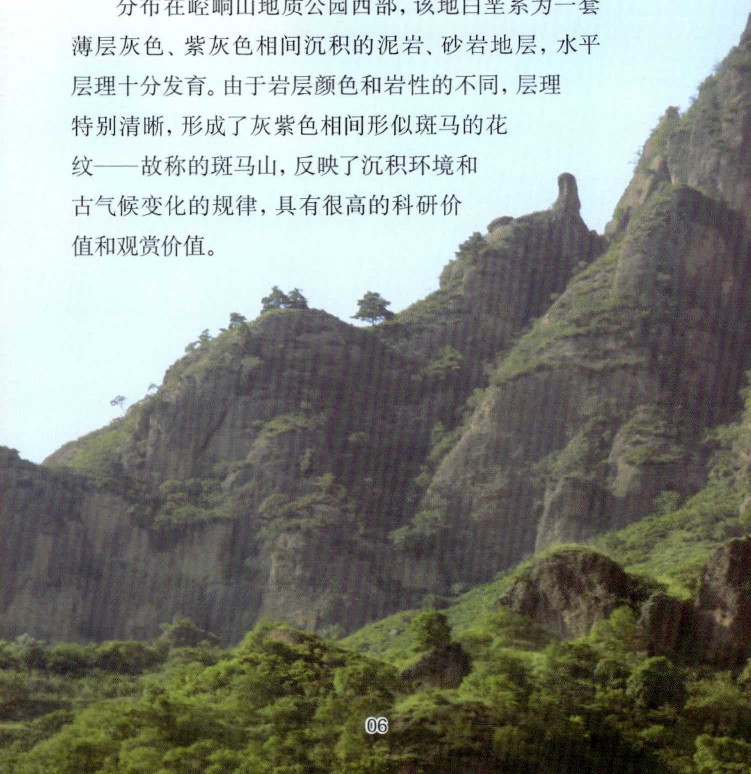

断层（刀劈崖）

见于崆峒山公路边和香山旅游路线上，该地白垩系砂岩、泥岩，受到1.4亿年前的燕山运动的影响，产生了一系列的断裂构造。在香山的公路边，可见十分明显清晰的小型逆断层，灰色的砂岩逆冲到紫色泥岩之上，断层面附近产生拖拉褶曲。另在崆峒山去五台的公路边，可见二叠系砾岩断层，断层面光滑，伴有大量擦痕，同时见到卵石被错断现象，形成刀劈一样的陡崖。

山龟望海

崆峒文化

1. 崆峒山是人文始祖轩辕黄帝登山问道的圣地

据学者研究，甘肃东部的平凉、天水是上古三皇诞生之地，又是女娲、夸父的诞生地，文化极为久远深厚。因此，被中华民族尊为人文始祖的轩辕黄帝在其功业成就之后西巡疆界，亲自登临崆峒山，向在崆峒山隐居的广成子请教治国之道和养生之术，这在《庄子·在宥》篇中有详细记载。治学严谨的司马迁在《史记·五帝本纪》中也记载了这件事。司马迁本人曾亲自登临崆峒山。他在太史公自叙中说："吾尝西至崆峒，北过琢鹿，东渐于海，南浮江淮"。他的记载应当是在博采众说的基础上谨慎作出的。当代台湾学者南怀瑾在著作中说："黄帝遍学各种学问，最后西上甘肃的崆峒山，问道于广成子……黄帝的功业，主要是起于黄河平原的东方与北方，而他的文化学术思想主要是得之于西北高原系统。"还论述广成子说，所谓广成子，究竟有无其人，往往名号是代表一种内容，广成子是集中国文化之大成的意思。如今，崆峒山前的望驾

秦皇汉武登临纪念碑

栖云

山，山下的问道宫，上天梯旁的摩崖石刻“黄帝问道处”就是对这一千古盛事的纪念。崆峒山为中华道教第一山。

传说中，周幽王时韦震居崆峒山修炼；秦始皇、汉武帝也曾造访崆峒；唐宋至明清均有许多文人墨客到过此山，留有大量石刻、碑记。秦、汉时期，山上始有庙宇建筑；魏、晋、南北朝期间，山中道教兴盛，宫观遍布；唐、宋之际，崆峒山中大多宫观庙宇毁于兵火；元代开始重新修建，明万历年间（公元1573—1620），这里仿湖北武当山规制，大兴土木，广建道观，时修宫观庙宇及亭台楼阁等建筑四十二座，总称八台（东台、西台、南台、北台、中台、香炉台、灵龟台、读书台）、九宫（紫霄宫、飞升宫、南崖宫、遇真宫、子孙宫、太清宫、王母宫、净乐宫、问道宫）、十二院等；清同治年间（公元1862—1874），再次毁于兵火，后又重建，规模与数量均不如前代所建之盛。现仅存《重修问道宫碑记》、太和宫、凌空塔、盘龙石柱等建筑与文物。据史载，宋代宋披云、元代贺志真、明代张三丰等许多著名道士均曾于山中修身养性。

崆峒天台山

2. 崆峒山是文人墨客登临赏景抒发情怀的人间胜境

历史的呼唤

由于崆峒山悠久的历史，加之雄秀幽奇的自然景观，因而吸引了历代文人、墨士、骚人、迁客。司马迁曾慕名登临；东汉大哲学家王符曾流连忘返；晋代大医学家皇甫谧曾隐居山中采药著述，研习针灸，著成《针灸甲乙经》。此后历代文人名士有的虽没有到过崆峒山，但题咏盛赞崆峒的佳篇妙笔，云蒸霞蔚，洋洋大观。如南北朝王褒，唐朝李白、杜甫、白居易、李商隐、岑参、元稹；宋朝李清照、游师雄、张亢；明朝李攀龙、赵时春；清朝王士祯、左宗棠、林则徐、谭嗣同；民国于右任、傅作义、邓宝珊。历代文人墨客的佳篇妙章、画幅墨宝已成为崆峒山丰富的文化瑰宝。

3. 崆峒山是三教合一共尊共荣的宗教摇篮

道教作为一种宗教起源于东汉，而它的思想理论基础却是盛行于春秋以来的黄老之学，应当说黄帝、老子都是道教的祖师。另据道教典籍说，老子的前身就是在崆峒修炼的广成子，而广成子又是黄帝的老师。追根溯源，崆峒山被誉为“天下道教第一山”当不为过。据说，秦、汉时，崆峒便有方士隐居；魏、晋时，便有道教宫观；到明代，著名道士张三丰最后归隐崆峒。崆峒山现存避诏碑一块，上有皇帝两次召见张三丰的诏书和张三丰避而不去的答词。明朝嘉靖初年，朱元璋第二十子朱松后裔被封为韩王驻藩平凉，韩王妃崇尚道教，在崆峒山大规模修建了太和宫等道教宫观，把崆峒列为全国道教十二大“十方常住”之一，聘全真龙门派第十代掌门苗清阳为全山主持。自此，道教在山上代代相传。至新中国成立前，全山道教宫观达40多处，道士百余人，现已传至第三十代。

佛门盛会

道教法事活动

佛教在崆峒山也历史悠久，已有1500多年。唐代时，山上佛教活动已具相当规模。据铸造于金代大安二年（公元1210年）的一口铁钟上的铭文记载，崆峒山中台至皇城的上天梯石台阶，就是仁智禅师在唐贞观年间开凿的，还有唐太宗为山上明慧禅院御赐田地的记载等。元朝，皇子忙哥剌被元世祖封为安西王，管辖陕、甘、川等地。安西王信奉佛教，主持修建了崆峒山东台宝庆寺，封自己的王相商挺为宝庆寺主持，并授银质三品印，统管陕西、四川、西夏等路（省）的佛教事务。明代万历年间，修建了中台凌空塔，明神宗皇帝还给崆峒山真乘寺藏经楼赐了匾额，皇太后给崆峒山佛教赐送经书3万多册。到清朝初年，崆峒山佛教寺院已达19处。现在，崆峒山道佛并存，互让互尊，有一种包纳一切、雍容大度的和谐气氛，这成了崆峒山有别于其他名山的独特现象。

崆峒山还培育了一批儒家学者。最著名的有：汉代的王符，他是和王充齐名的古代唯物主义思想家，著有《潜夫

崆峒山门

论》；皇甫谧，朝那人，除大多数人熟知他是医学针灸鼻祖之外，他还是博学多才的学者，《针灸甲乙经》是我国针灸术最早的著作；明代“前七子”李梦阳号崆峒子；还有“明八大才子”之一的赵时春。以上四人，早年都曾在崆峒山潜心读书，是崆峒山的钟灵毓秀造就了这一批学者文人的旷世才华。

佛事活动

4. 中国五大武术流派之一——崆峒派的发祥之地

崆峒山也是中国武术发祥地之一。中国第一部辞书《尔雅》中就记载有“空同之人武”。李白在诗中赞道“世传崆峒勇”，杜甫也盛赞“崆峒足凯歌”。崆峒派武术是与少林、武当、峨嵋、昆仑齐名的五大武术流派之一。当代传人燕飞霞曾于1956年在全国武术观摩赛上获冠军。1957年，他随中国武术团赴缅甸表演，获剑、枪、拳、掌、拂尘五项冠军。崆峒武术与道教文化紧密相连，神秘奇诡，实为我国武术奇葩。2001年5月，中国第一届崆峒武术节在崆峒山隆重举行，著名武侠小说泰斗金庸先生欣然题词：“崆峒武术，威峙西陲”，以示祝贺。

崆峒武术

5. 九宫八台十二院四十二座建筑群七十二处石府洞天

崆峒山在隋朝统一之后获得了一个安定时期，于是唐初便有僧人和道士先后开创寺院和宫观。其后，经宋、元、明、清直到民国，历代皆有创修或重建。据记载，在鼎盛时期，琳宫梵刹达42处，房屋650余间，其显要者有"九宫八台十二院"。

九　宫	问道宫、王母宫、紫霄宫、飞升宫、南崖宫、净乐宫、太清宫、遇真宫、子孙宫。
八　台	东台、西台、南台、北台、中台、香炉台、灵龟台、读书台。
十二院	舒花寺、法轮寺、宝庆寺、真乘寺（原名归慧禅院）、茶庵寺、舍利寺、栖云寺、香山寺、莲花寺、海觉寺、文殊庵、弥陀庵。
七十二处	石府洞天、玄鹤洞、广成洞、钻羊洞、朝阳洞、老君洞、金银洞、归云洞、玉女洞、灵官洞、三教洞等等。

古建筑

从东台至皇城这一中轴线上，每座庙宇都充分体现出中国古代宫殿建筑群方正严整、中轴突出、纵深成串、左右对称、主次分明、高下错落的传统风格。又体现了道教宫观建筑以神殿为主，以道众居室为辅的特色。尤其是雷声峰的建筑群，依山就势，布局灵活，朴素自然，较少人工雕凿，更近于道家自然无为的本色。建筑专家评价崆峒山的古建筑为“奇险灵秀，古朴精巧”。

太和宫

北宋乾德年间（公元963～967年）即在皇城建有太和宫。元代改奉释迦佛，称崇佛阁。明代嘉靖年间韩藩王夫人郭氏捐资，扩建真武殿，成为全山道教主要建筑物，面积约200m^2。殿内正中祀主神真武大帝，披发跣足的真武帝镏金像，造型丰润端庄，双目深邃圆融。两侧下方塑有龟蛇化身像各1尊。大殿毁于康熙十四年（公元1675年）发生的以陕西提督职镇守平凉的王辅臣之兵变。康熙十五年，龙门洞道士苗清阳主持修葺，基本上保持着原貌，是山上历经劫难中保持最完整的建筑。犹如帝王皇宫般的太和宫内还有灵官殿、太白殿，祖师殿、玉皇殿、药王殿、太上老君殿等。现有塑像27尊，存80多幅反映太上老君生平的明代壁画，甘肃仅此一处。整个建筑群由1997年建起的高5m、底宽1.5m、顶宽0.7m的皇城城墙围护，与古建相映生辉。

雷声峰

七个景区

胭脂峡景区

胭脂峡是崆峒山北部最大的一条峡谷，位于地质公园的北部，又称胭脂河地质旅游景区，以丹霞地貌地质景观为主。峡谷两侧支沟发育，是主要的地质遗迹分布区，海拔高程1700~2000m。景区中分布有诸多奇异的峰林，多姿多彩的石柱和大面积的外动力地质作用形成的巨石滩地。巨大的崩塌岩块堆砌成各式各样造型奇特的地质遗迹景点，如群峰争艳的石柱群（如双石塔、姊妹峰、玉帝柱）等，同时，还展示了众多的造型山（如大象山、龟蛇对峙等）以及沿节理风化形成的洞穴（如三珠洞、通天洞）。亦有特色景观，如人字洞、巨石阵等。

大象山

景区主要有两条旅游路线：胭脂峡路线和峰沟路线。代表性地质景点有大象山、崆峒大佛、玉帝柱、斑马山、玉女峰、姊妹峰等。

五台——皇城景区

分布在崆峒山主峰一带，以人文景观为主，主要有黄帝问道处、上天梯、老君宫、八仙台、莲花寺等。该景区森林植被茂盛，有蜡烛峰、一线天等地质景观。旅游路线可以以中台为游览中心，依次游东台卧观平凉、云鹤归宋，南台、北台等，沿途自然景观优美，人文景点较多，庙宇星罗棋布，森林植被丰富，有高大的紫果云杉、油松、圆柏、辽东栎、国槐、五角枫等。

该景区住宿、餐饮、购物等设施齐全，公路交通、索道缆车四通八达，交通十分方便快捷，可顺利到达各个景点。

香山景区

分布在地质公园西北部，以丹霞地貌地质景观和地质构造遗迹为主，典型的有逆断层、蘑菇石、石柱等，可以参观到白垩系砂砾岩形成的峰林、石柱、苍松翠柏，如入崆峒仙境。同时，还可以看到断层、节理和泥裂（龟裂纹）地质构造遗迹，陡壁悬崖，孤峰石柱等奇异百态的自然景观，还有人文庙宇景观等。观赏旅游路线主要有香山路线和麦垛山路线。

弹筝峡景区

以山水风光旅游为主，可乘水上游艇，沿库区观赏两岸自然风光，远眺群山秀峰，陡壁悬崖，飞流瀑布，沿岸花草芳香宜人。其次是丹霞地貌地质景观和人文景观的游览，主要路线有水路游艇路线、山边公路和泾河步行路线，公路交通、水上交通均很方便。

翠峰古寺

太统山景区

位于地质公园东南部，以地质构造、地层和化石地质旅游为主，海拔高程2230m。主要出露的是一套奥陶系灰岩，含丰富的腹足类化石，二叠系地层中含植物化石。其次在太统山顶有多处庙宇，香火旺盛，晴天可登山顶鸟瞰平凉市全景。该景区交通方便，公路直达山顶。

西山景区

位于地质公园中部，以山水风光游为主，山势险峻，绿树成片，仅有少量的地质景观，如个别的石柱，交通不便，路途较远且以步行为主。

十万大峡谷景区

位于地质公园南部，海拔高程1700~2020m，以深沟、峡谷地质景观为主，其次是森林风光旅游。该景区系生态旅游的极佳场所，可观赏到季节性瀑布，断块山及连片的低矮石林、石柱等地质遗迹。该地区交通条件较差，均为山间小道步行，是开展探险旅游的好去处。

仙崖瀑布(十万大峡谷)

主要景点

问道宫

因为有“黄帝问道于广成子”，道教门人以此为由在山之阳麓、泾水北岸阶地建问道宫，背山面水，环境幽寂。据地方志记载，唐代这里已有建筑，宋、元之际，曾重新扩建，规模宏大。由于后来修建水库，原址被淹没，后重新修建了问道宫。1985年春，在东台玄鹤洞下山麓开山凿石，新建问道宫落成。殿阁等皆依山取势，分四层错落相间。

幽谷问道

飞升宫

1997年重建，为古建三转五式建筑，面积75m^2，祀无量祖师。

玄鹤洞

在东台刀劈剑削般的绝壁上，位于前山的问道宫上方，据《崆峒山志》载：“洞口高五丈阔丈半，深不知几，常有玄鹤飘然飞出，丹顶皂身，白腹朱喙，翅如车轮，春夏之交，雨霁风和，鹤则出洞翱翔……”

崆峒风光无限好

饮月石

在峡谷的中部路旁。此石圆形白色，径约30cm。石面上镌有“太阴之精”4字，人称此景为“月石含珠”。“月石峡”之称即由此而得。

蜡烛峰

月石峡中部有孤峰中立，形似蜡烛，故得名“蜡烛峰”。

胭脂川

也称胭脂峡，俗称后峡，是以自然溪流为主的带状景区。河道多奇石设阻，水流则或缓或疾，或跳荡激溅，或漩涡流连，清澈见底。两侧青峰叠嶂，或林木片片，或农田方方。平旷处，有的绿草如茵，有的沙石裸露，游人可于此野营野炊，尽享大自然的野趣。

二郎石

位于景区寺沟口偏东处。两块巨石当水而立，高宽各约4m。两石相距2米左右，相对处各有一孔。

东台

其南、东、北三面皆为千仞悬崖绝壁，面东崖壁有名噪古今的玄鹤洞。西南部与南台相接，遍生乔木、灌木及花草。立于东台，西可见高插入云的香山，东可将平凉古城以及泾河川两侧的望驾山与太统山尽收眼底。民国28年（公元1939年），国民党元老于右任先生登崆峒时曾题匾额：“卧观平凉”。

中台

位于崆峒山中心地带，乃通向各景点必经之地和主要便道的交汇处，也是全山面积最大的平坦台阶地。最高处海拔1927m。一旦步入中台都会产生开阔、轻松和别有天地之感。

西台

五台景区中的五台，中、东、南、北四台在地理上是相近连接的，高度亦相差无几，唯西台远在中台的西北方一条山岭上。西台有小路可通绝顶，但路极难行，须攀援铁索过“鹞子翻身”（即“舍身崖”），然后步步走险方可抵达。西台旧有栖云寺，又称古佛殿，明代称弥陀寺，明末废毁。2000年，在原寺之崖下较开阔处重建了佛殿，名栖云寺，祭地藏菩萨。

塔院

凌空塔

塔院内有一座凌空塔，塔高32.3m，底边周长31.2m，系七级八角无基座阁楼式砖塔。根据《崆峒山志》记载，建于明万历十三年（公元1585年），距今近500年历史，但根据天圣铜钟（宋代天圣七年即1029年所铸造）上的铭文记载，好像唐代已有。这里最为奇特的是塔顶有棵松树，已有200余年树龄。塔顶既无水分，也无养分，但松树一年四季常青，塔与树构成一道天然盆景，称“古塔托松”。

观音堂

越过“朽木桥”到北台北端，其地东、北、西三面皆临深谷，然崛起一长、宽不过10m的高台地，1994年10月重新在此修建了观音堂。矗立起清式重檐大殿三楹，殿内由泥塑大师戴国华彩塑千手千眼观音，内墙浮塑84尊菩萨，形态各异，生动细腻。千手千眼观世音菩萨像高7.5m，5层头11面，1008只手，堪称中国泥塑观世音菩萨里的中国之最。在1008只手中，每只手上都有1只眼睛，故名千手千眼。前面48只手中持有不同的法器，代表不同的含义。总之，千手表示护助众生，千眼表示观照众生。大殿两边的浮雕是《大悲咒》中的84位菩萨化身。

千手观音

上天梯

源于宗教通天之意。始建于唐朝贞观年间，由崆峒山的开山祖师仁智禅师主持开凿。经过明、清两代修缮和改革开放以后三次维修而形成现在这样的规模。台阶总数为378级，台面宽为2.5m。台阶两边有铁柱、铁链供游人攀援，路左的铁柱、铁链有一部分是明清两代遗留下来的，相传当年左宗棠征西时曾使用过。路右的，是近几年添上去的。上天梯的坡度在45°~75°之间。古人有一首诗这样形容上天梯："一步仅一寸，天门攀铁柱，自向此间行，才得上天路。"由此可见攀登上天梯的艰险。

上天梯

皇城

在马鬃山之巅，海拔2035m。建筑为崆峒山道教宫观之首。道教认为人间的一切都是天上的反映，神仙住所应与人间帝王宫殿相似。所以，皇城所建殿宇在建筑风格上仿照中国宫殿建筑，金碧交辉，富丽堂皇。

雷声峰

与马鬃山南缘相接，由高而低向东南延伸，最宽处也不过三五米；两侧皆为深谷，构成奇特景观，宋代即开辟为游览地。通道皆由岩石凿成，险要处凿以石洞通过，只容1人攀援缓行。此峰因逢雷雨天气，雷鸣风吼，极为震撼而得名。雷声峰上现有道教宫殿6处，即雷祖殿、三官殿、玉皇楼、三星殿、圣父圣母殿和金光殿。

棋盘岭

位于雷声峰下方，传为广成子、赤松子二仙下棋之地，地势较平旷，且有巨大古松挺立其间。清风习习，松涛阵阵，是留影拍照的好地方。还设有茶座和饮食摊，供游人休憩。

崆峒山间寺庙

翠屏山

香山景区的所在，也称香山。宋元间因山顶有香山寺而得名。位于主峰绝顶（马鬃山）之西，海拔2123m。明代诗人罗湖想象成诗："山下望北斗，仰天但翘首。直上香山望，斗柄如在手。"山后有泉，称玛瑙泉，泉水清澈而丰旺，游人可掬而饮之。

狮子岭·天台山

因由一条狭长的山梁，向北延伸，南高北低，间有起伏，末端隆起而宽大，其状似雄狮下山，故得名。而从另一侧远望，又像昂首天外的雄狮，故有"狮子望天台"（天台山）之称。与狮子岭隔谷相峙的为天台山，顶有数十平方米夷平面，周遭如削，无径可攀，故称之为"天台"。1996年，建"通天桥"，连通狮子岭与天台山。

香山寺

山顶偏北处，宋元后几度兴废，至民国29年（公元1940年），重建观音殿3楹，另有4间厢房。1958年废毁。1982年，又重建大殿，内彩塑16臂观音，左右塑各坐青狮、白象的文殊和普贤菩萨像。香山寺虽然称"寺"，历来却由道士主持。似乎亦是崆峒山特有现象。

山在云雾缥缈间

人文历史

平凉市文化底蕴深厚。这里是先民们在黄河中上游繁衍生息、走向文明的摇篮，是中华民族重要的发祥地之一。早在20万~30万年前，人类的祖先就活动在这片土地上。3000多年前，周人的先祖就在泾河流域创造了先进的农耕文化，开启了农业文明的序幕。公元358年，前秦王苻坚在这里厉兵秣马欲平定前凉，始以平凉之名置郡。

境内有仰韶、齐家、商周等各个时期的文化遗址465处，全国重点文物保护单位5个，省级重点文物保护单位59个，馆藏文物3万多件，其中国家一级文物196件。出土于泾川县大云寺的佛祖舍利金银棺、灵台县的西周青铜器和南宋货币银合子等文物被誉为“中华文物之最”。在众多的历史文化遗迹中，尤以中华道教第一山——崆峒山、人文开元第一祖伏羲氏诞生地——古成纪、天下王母第一宫——回中宫、神州祭灵第一台——古灵台等闻名于世。

在漫长的历史长河中，这里吸引了众多彪炳史册的著名人物，发生了许多影响深远的重大事件。相传，远古时期人文初祖轩辕黄帝亲诣崆峒山，向广成子请教修身治国之道；周穆王“八骏日行三万里”，与西王母相会于回中。秦始皇、汉武帝先后西巡，登崆峒而览胜；秦王李世民泾州大捷，展雄才而凯旋；李白、杜甫情系崆峒，佳作传世；成吉思汗驻跸陇山，建有寝宫；明代韩王就藩平凉，传十一世；名道张三丰于崆峒山访道修炼，历时五年。近代以来，左宗棠、林则徐、谭嗣同、冯玉祥、张学良、于右任等爱国人士纷至沓来，留下了历史的印迹，特别是毛泽东率领的中国工农红军经过平凉大地，播撒了革命的火种。地灵人杰的平凉还孕育了世界文化名人、中华针灸学鼻祖皇甫谧，唐代著名政治家、文学家牛僧孺，南宋抗金名将吴玠、吴璘、刘锜，明代“嘉靖八才子”之一的赵时春，清初名臣慕天颜等一大批文韬武略的杰出人物。经过多年的挖掘开发，初步打造出了崆峒山、西王母、大云寺、皇甫谧等有较强吸引力和较大影响力的“文化名片”。深厚的文化积淀与现代文明的有机结合，使这块土地充满了灵气，充满了魅力，形成了多元、厚重、包容、开放的区域文化特色。

历史沿革

平凉市位于陇山东麓，泾河上游，是关中西去北上的古道要冲；又依六盘三关之险，历来是兵家必争之地。历史悠久，建制变革较大。

公元前272年，秦昭王灭义渠戎，置陇西、北地、上郡，平凉入秦的版图，属北地郡。

汉武帝元鼎三年（公元前114年）分北地郡置安定郡（治所在高平，今宁夏回族自治区固原县境），平凉全境改属安定郡；东汉并泾阳入朝那，平凉属凉州刺史部安定郡的朝那、乌氏二县。

三国时曹魏于郡上设州，此地属雍州安定郡，恢复了泾阳县。西晋又废泾阳县，新置都卢县，平凉市境东部属朝那县，西部属都卢县。

南北朝十六国是最乱的时期，平凉全境先后为前赵、后赵、前秦、后秦、夏、北魏、西魏、北周所领有，建制变化很大。前秦永兴二年（公元358年）苻坚欲进攻前凉，置平凉郡（初治高平镇，后治鹑阴），取平定凉国之意，平凉之名始见于史册。其后，前秦苻坚曾以平凉为根本，向后秦反攻。夏赫连定曾即皇帝位于平凉。北周武帝建德元年（公元572年）于今市境的西北部置平凉县，属长城郡。这是平凉市建制的开始，距现在1400多年。

隋代，开皇三年（公元583年）废郡置州，平凉市属原州。大业初（公元605年）又废州置郡，平凉市属平凉郡。唐武德元年（公元618年）复置原州，治平高。天宝元年（公元742年）再改平凉郡，旋复为原州，平凉市属原州。贞元七年（公元791年）泾原节度使刘昌筑平凉城扼弹筝峡口，奠定今平凉市城址，距现在1100多年。宪宗元和四年（公元809年）移行渭州于平凉，平凉市废。广明初复陷吐蕃，中和四年（公元884年）收复为渭州治。

唐末，李茂贞据凤翔称岐王，渭州属于岐，历后梁。后唐明宗天成元年（公元926年）灭岐，渭州属后唐。后唐清泰二年（公元935年）以原平凉市的安国、耀武二镇复置平凉市，属泾州；后晋天福五年（公元940年）改属渭州。宋代，仍为渭州治所，属泾原路，为泾原路经略安抚使驻地，与西夏接壤，是当时的军事重镇；至大观二年（公元1108年），共领泾州、原州、渭州、西安州、会州、德顺军、镇戎军、怀德军等五州三军，遂代泾州、原州成为这一地区的政治军事中心。徽宗政和七年（公元1117年）置平凉军，设节度使。金代开六盘道，大定二十七年（公元1187年）始置平凉府，辖五县，属凤翔路。平凉市为府治所。

元代仍以平凉为府，辖三县，属巩昌总帅府，并潘原县入平凉市，平凉市仍为府治所。自此，平凉市的辖境再未有大的变动。

明代的平凉府辖三州七县，属陕西布政使司关内道；平凉市仍为府治所。

清初沿明制，属陕西布政使

司。康熙八年（公元1669年）改属甘肃布政使司，平凉仍为府，府上设道，初为平庆泾固化道，同治末改为平庆泾固化盐法兵备道，平凉县为道、府治所。

1912年，即民国元年废府，仍设道。1913年，改平庆泾固化道为陇东道，设观察使；后改为泾原道，设道尹。1927年，改设泾原区行政长。1935年，改为甘肃省第二区行政督察专员公署。平凉县为道、署驻地。

1947年7月28日，平凉解放，成立了平凉市人民政府。1950年，由县城内划出城关和郊区另设平凉市。1958年12月，撤销平凉、华亭两县，并入平凉市。1961年11月，恢复华亭县。1964年元月，撤销平凉市，恢复平凉县。2002年9月，平凉撤地建市。

民俗文化

平凉民歌

平凉民歌，曲调颇丰富，或高亢激越，或委婉缠绵，或如泣如诉，或欢快诙谐，或悠扬起伏，或低回深沉，体现出境内多元化文化所形成的较独特的风格。平凉民歌包括“麦客花儿”、“关山花儿”、“脚户花儿”、“南山花儿”、“河州花儿”、“山歌小令”。

此外还有劳动号子——夯歌，也多是一人领唱众人齐声接唱的，曲调多悠扬粗犷。

陇东窑洞

陇东的穴居窑洞，是黄土高原人文景观的一大特色。陇东窑洞源远流长，据国际著名地理学家陈正祥考证，泾河流域的黄土层厚度可达百米以上。而且这一带的黄土中不含砂石，十分黏固，故而构筑的窑洞相当坚固耐久。《诗经·大雅·绵》中记载：“古公亶父，陶复陶穴，未有家室”。亶父，周文王的祖父。陶，借为掏。复，借为覆。从旁掏的洞叫覆，即窑洞或山洞；向下掏的洞叫穴。周人不修房室（“未有家室”）的穴居习俗，与现在仍然存在的陇东窑洞是一脉相承的。

陇东窑洞是在人工掘成的崖上，由靠地面部分纵向挖成的洞。和盖房相比较，“崖”就是屋架。崖的组合叫“庄”、“庄子”，主要有明庄、地坑庄等七八种，地坑庄则分平地下坑和“半明半暗”。这些形式，是典型的周祖掏洞穴居的遗风。地坑庄，是先掘地成坑，坑壁即是挖窑的崖面，这种类型一般集中于源面。地坑庄大小不等，一般为长方形，长10丈，宽3丈，深2丈，正面土窑3孔，侧面1孔，　通道又叫“洞子”，下洞上箍，安装大门。陇东人讲究地气、根气，地坑庄处在天地的层层环抱之中，所以陇东人住地坑庄，从心底里便有一种安然长久的“瓷实”感。

陇东皮影

陇东皮影在我国美术史上占有重要的一页。

陇东皮影又叫灯影子、牛皮娃娃，它是舞台演出的用具，同时也是一种民间工艺品。旧时，陇东皮影戏是以食用的清油（植物油）为燃料的灯光照射牛皮做成的人物剪影为傀儡的一种民间影子戏。白天有太阳的时候也可演出，称为热影子戏。陇东皮影主要分布于平凉、庆阳地区各县，集中于陕、甘、宁三省（区）接壤的三角地带。它的人物造型，归纳起来有生、旦、净、末、丑五个大类。根据人物不同的身份特点，夸张它的眉、眼、鼻、嘴和胡须五个部分。从工艺上讲，陇东皮影造型，外轮廓以直线概括，俊俏有神，尤重图案装饰，着色对比强烈，头部造型约有千余种。由于在平面布幕上演出，只能左右动作，因此一般采用“五分脸”，即侧面表示法：一个眉、一只眼、一耳垂，半面嘴鼻一个脸。皮影的身段也用侧面表示法。陇东皮影音乐深受陕西西路皮影弦板腔、碗碗腔的影响，有的班子就用以上音乐演出，也有用秦腔演出的，但大多数班子以演唱陇东道情为主。

陇东皮影

满天皆红照崆峒

旅游信息服务

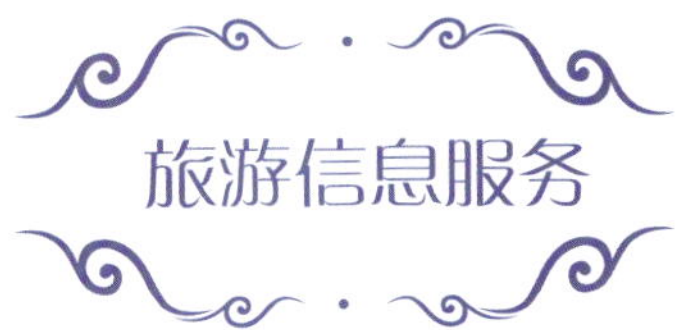

交通概况

平凉市交通以公路为主，现宝（鸡）中（卫）铁路开通后穿境而过，交通以平凉市为中心向各县辐射。兰州至平凉间开通有旅游列车。

平凉市没有民航机场，游客可以选择西安咸阳国际机场和兰州中川机场进行空中航行。宝中（宝鸡—中卫）铁路线贯穿平凉市，从

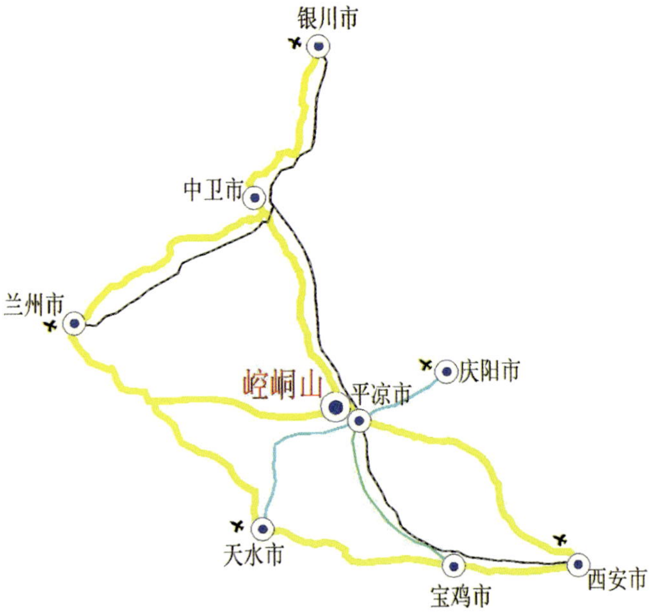

平凉市搭乘火车，可以到达兰州、上海、银川、成都、乌鲁木齐等地，其中去往银川的车每天4列，平凉火车站有1路公交车和中巴车通往城内。

平凉公路交通便捷，市内拥有国道、省道，从平凉乘坐长途汽车，可以到达兰州、天水、乌鲁木齐、金昌、北京等地。

平凉市内公交车有9条运行线路，还有5条旅游专线通向几个主要景点。

★火车时刻表

车 次	始发站/到站	开车时间	到站时间
2585/2588	西安—平凉	17：40	23：30
2586/2587	银川—平凉	17：59	02：22
6072/6073	宝鸡—平凉	06：50	11：54
K360/K361	上海—平凉	12：51	15：13
K451/K454	乌鲁木齐—平凉	14：05	20：34
K452/K453	成都—平凉	19：12	12：23
N856	兰州—平凉	20：06	07：05

咨询电话：0933–5972222

★飞机班次

平凉市周边的兰州市、咸阳市、银川市、庆阳市均有民用机场，而且都在3小时交通圈内，非常方便。

吃

饭店

特色饭店名录

餐厅名录（汉）	地址	联系电话
崆峒素斋坊	崆峒山景区中台	0933—8510102
广成大酒店	崆峒山下	0933—8518022
平凉半间屋饭店	广场东口	0933—8216658
兰州老树村火锅平凉直营店	东大街北极巷口	0933—8231229
众利来大酒店	船舱街10号	0933—8239999、8237666
西安食府（桥梓口饺子锅贴店）	新民路西寺街口	0933—8236848
奇味砂锅	南门什字红旗街东口	13919533199
万福老鸭汤	南极巷（市二院后东面）	0933—3991110、13809338320

清真餐厅名录

餐厅名录（清真）	地　址	联系电话
春华楼饭庄（清真）	船舱街8号（新民路什字）	0933—-8212303
童家煲汤肥牛（清真）	公园路口（平凉宾馆东楼）	0933—8239908、8239918
信伊楼（清真）	崆峒大道（歇马殿正对面）	0933—8232815、8233815
银河楼餐厅（清真）	东大街16号	0933—8224568、5981880
百兴园美食城（清真）	解放路口百兴大厦楼下	0933—8610678
祥盛泡馍店（清真）	崆峒中路11号（新民北路）	0933—8220978

农家乐餐厅名录

餐厅名录	地　址	联系电话	星级
珍味农家乐	崆峒镇寨子街	0933—8715022	二星
农家乐土菜庄	崆峒镇寨子街	13830360926	二星
拐弯处农家乐	崆峒镇寨子街	13993399850	二星
老根农家乐	崆峒镇寨子街	13993399480	二星
龙隐农家乐	崆峒镇太统村	0933—8714207	一星
韩家沟农园山庄	崆峒镇韩家沟	13993311083	一星
西源农家乐	崆峒镇西沟村	13830301520	一星
崆峒农家小院	崆峒镇寨子街	0933—8714217	一星
宝宝农家庄园	崆峒镇寨子街	13993351183	一星

特色小吃

平凉市位于陕、甘、宁三省（区）交界处，生活习俗也受到陕西、宁夏的影响，尤其和陕西的饮食习惯非常相似。平凉是内陆缺水地区，蔬菜相对稀缺，因而饮食中也是粮多菜少，面食品种多样，主要有烙饼、锅盔、油饼、麻花、油糕、包子、馒头、面条等，其中面条最受人们的欢迎。

羊肉泡馍

营养丰富，鲜辣醇厚，不腻不腥，浓香扑鼻，回味悠长，吃时佐以香菜、糖蒜，更显特色。

名店推荐：祥盛、祥园、春华楼

嘿嘻哇酿皮

配方精细，加工考究，清亮爽口，调料鲜美，深得广大群众喜爱。

名店推荐：四中巷餐饮区

温师大盘鸡

具有新疆风味、民族特色，色泽红亮，食而不腻，香醇肉嫩，味美适口，是崆峒区参加名优名菜的唯一专营大盘鸡小店。

名店推荐：平凉市四中巷餐饮区门口

炒面

酱香浓醇，口味甘爽，为具有西北风味、广大消费者喜食的面食之一。

平凉烧鸡

具有鸡体肥大、造型美观、色泽金黄、焖烂脱骨、爽口不腻且鲜嫩浓香的特点。

名店推荐：平凉市四中巷惠子烧鸡

生汆面

酸辣醇厚，回味悠长，营养丰富，具有西北特色和少数民族风味。

清真五香牛肉

呈玫瑰色，鲜嫩，味美，可口，制作时以多种调料加入，所以适合不同的口味，可直接食用，也可加工成菜肴。

名店推荐：平凉市同乐园美食城、虹光路市场

蜂蜜粽子

洁白柔软、香甜可口、黏精适度，甜而不腻。

名店推荐：平凉市同乐园美食城白祖平

凉粉

调料精细，制作考究，凉爽顺口。

名店推荐：平凉市同乐园美食城、四中巷餐饮区

饸饹面

古称“河漏”，又称“活络”。为北方及西北地区风行的面食，历史悠久。

住

广成大酒店

广成大酒店是一家集温泉水疗、旅游休闲、度假娱乐、文化研讨、商务会议、住宿餐饮于一体的花园式涉外旅游五星级大酒店，总占地20万m^2，总建筑面积4.48万m^2。

酒店共分为六大功能区：酒店公共区、客房住宿区、高档别墅区、餐饮服务区、康乐洗浴区、健身运动区。酒店公共区集餐饮、会议、高档住宿为一体，其中西餐厅、西式扒房、中餐宴会厅、风味餐厅、大小包间47个，能同时容纳1500人就餐。600m^2的多功能厅及各类大小会议厅7处，可同时提供800多人的会议服务；客房住宿区设有客房楼3栋，客房共193间（套），其中标准间119间、普通单间28间、套房37套、残疾人房2间、商务间6间、总统套房1套，总接待容量1000多人；高档别墅区规划共建各种风格高档别墅9栋；康乐洗浴区内设VIP会所、温泉水疗、演艺大厅、棋牌茶社等娱乐设施；健身运动区内迷你高尔夫、网球场、斯诺克台球馆、游泳馆、健身房等设施一应俱全；还有大型停车场、高速宽带、中央空调等公用设施。

联系电话：0933—8518888

广成大酒店

平凉宾馆

平凉宾馆

平凉宾馆地处平凉市中心，已有40多年经营历史，现为国家旅游涉外四星级宾馆。1986年，时任中共中央总书记胡耀邦同志下榻平凉宾馆并题写了馆名。

平凉宾馆总建筑面积23978 m^2，有高中档客房160间（套），床位400余张，国际会议中心1处、大小会议厅4处，大型宴会厅3处，餐位700余个，停车场1400 m^2，设有休闲中心、购物中心、商务中心、美容中心、健身娱乐、室内游泳、票务预定、外币兑换等多种服务项目。

联系电话：0933—8253361

平凉华辰大酒店

平凉华辰大酒店是平凉市首批四星级酒店之一。酒店位于崆峒东路9号（盘旋路），地理位置得天独厚，交通、商旅极为便利。酒店拥有各类客房100余间（全部宽带接入，商务房间长市话免费拨打），多功能厅、会议厅3处；风格各异的餐厅23处，可同时容纳400人就餐；裙楼设有集洗浴、保健、理疗、娱乐为一体的大型休闲会所；一楼设有设备先进的卡拉OK娱乐中心。是一家集住宿、餐饮、洗浴、娱乐、购物为一体的高端商务酒店。

酒店电话：0933-8611518

餐饮部：0933-8610999

传真：0933-8612226

华辰大酒店

五味宫酒店

五味宫酒店位于崆峒古镇，问道驿站五色池之畔，水系环绕，曲径通幽，集明清经典二进院落和苏州园林风格为一体，是一处按照五星级标准配备的生态型休闲酒店。菜品以川、湘、陇菜系为主，以农家、素斋及私房菜为经营特色。酒店设有尊贵典雅的中餐厅，时尚气派的休闲茶座、设备先进、布置完善的会议室、宴会厅等，给顾客带来回味无穷的尊贵享受。这里将是您商务接待、休闲娱乐的最佳选择。

平凉金融宾馆

平凉金融宾馆位于平凉市石家巷（四中巷对面），环境幽雅清静，交通十分便捷。宾馆有大小会议室5个，装饰豪华的餐厅大小包间14个，能同时接待100多位嘉宾住宿、就餐。同时为您提供火车、汽车票代办业务。票务服务、会议厅、商务中心、停车场、商场、餐饮设施、餐厅、娱乐健身、休闲设施、会议设施(有大小会议室5处)等一应俱全。

电话：0933—8237318

餐厅：0933—8237718

传真：0933—8214922

陇东明珠宾馆

陇东明珠宾馆位于陇东重镇平凉市，交通便利，环境优美，距火车站、汽车站仅2km。宾馆占地6600m^2，总建筑面积12500m^2，是平凉市首家荣膺国家“三星级”资质的旅游涉外饭店。内部装修风格别致、豪华典雅，拥有豪华套间、标准间、三人间、单人间等各类空调房111间（套），全部安装了先进的TM电子门锁，24小时提供热水；餐饮包厢、宴会大厅、零点餐厅等可容纳350人同时就餐；多功能会议中心拥有300人规模会议室1间和20～60人会议室4间，为不同需要和各类会议提供优质完善的服务。此外，宾馆还设有商务中心、超市、美容美发、健身活动中心、豪华歌舞厅等项服务娱乐设施，停车场可容纳80辆左右大小车辆同时停放。

地址：甘肃平凉崆峒东路460号

电话：0933—8612588

传真：0933—8612518

崆峒山庄

崆峒山庄始建于1999年，隶属于崆峒旅游集团。山庄位于崆峒山景区中台，是景区唯一一家大型接待场所，集吃、住、行、游、购、娱为一体。2002年顺利通过ISO9001和ISO14001国际质量和环境管理体系双认证。

山庄现有客房30余间，近百张床位，有200余人的就餐接待能力，拥有大小餐厅、会议厅、豪华娱乐厅及豪华包间。设有高档音响和舒适的服务设施，并开设棋牌娱乐、音乐茶座、室外休闲啤酒广场、观看崆峒武术表演等服务项目。餐厅经过多年的不断经营创新，现已开发出独具崆峒山风格的大众、清真和素斋宴，各种特色佳肴及小吃，花色品种齐全，做工精细，口味香醇。服务项目：住宿、就餐、疗养、钟点休息、会议接待、旅游团体接待、棋牌、音乐茶座、露天啤酒广场、休闲度假、卡拉OK、观看歌舞演艺。

电话：0933—8510102、8510105

银河宾馆

平凉银河宾馆

平凉银河宾馆为国家“二星级”旅游涉外饭店，是集住宿、餐饮、娱乐、商务为一体的综合性服务实体，1996年9月开业。宾馆共有不同档次客房78间，配套设施、功能齐全，设有具备同时接待250人能力的大小会议室4处，并配套豪华咖啡厅；设有豪华宴会厅2处，各类大小厅房28间，共计480个餐位；设有清真餐厅1处，各类大小厅房8间，80个餐位。

电话：0933—8226489、8226495

平凉商贸宾馆

平凉商贸宾馆位于平凉市崆峒大道，由市旅游局验收后评定为二星级宾馆，建筑面积5300m^2。拥有各类房间84间；距东西汽车站均2km，距火车站2.5km，距国家5A级旅游区——崆峒山仅10km。交通便利、环境优雅、设施豪华，是商务洽谈、旅游度假的最佳选择。服务设施有：会议厅、商务中心、停车场、商场、餐饮设施、中餐厅等。

电话：0933—8213832

平凉正宇宾馆

平凉正宇宾馆位于平凉市来远路16号（汽车西站向西200m处），地处312国道线，紧临崆峒山。地理位置优越，交通便利，集住宿、餐饮、娱乐于一体。宾馆设有不同档次的客房130余间；有豪华会议室4间，适合各种大型商务会议；有停车场2处，泊车位200多个；有大型洗浴中心、茶艺表演、豪华KTV包间等。

电话: 0933—8715678

正宇宾馆

门票

旺季（4月1日～10月31日）

120元/人次

淡季（11月1日～3月31日）：

60元/人次

开园时间:8：00～17：00

景点交通

崆峒山景区内交通极为便利，现有绿色环保观光车、环保电瓶车、索道等交通工具。

东门→环保观光车→中台

东门→环保观光车→香山

南门→环保电瓶车→王母宫

南门→索道→三教禅林

索道管理站电话:

0933—8498399

环保观光车队电话:

0933—8510110、8495119

山水一色

旅游路线设计

旅游线路组织规划是对丹霞地貌诸景点的空间连续、游览方式、游览内容、游览速度以及游览时间的综合安排，以地质景观和人文景观相结合，初步设计出8条旅游线路。

1. 五台—皇城游览线

以人文景观和丹霞地貌景观为主，其次为森林植被景观，是主要游览区。以中台为游览中心，可依次游览东台、南台、西台、北台和灵龟台，依山北上可直通皇城。沿途自然景观优美、人文景点密布，可安排一日游。

2. 香山—狮子岭—天台山游览线

以丹霞地貌和地质构造景观为主体，可观赏石林、天生桥、大象山、断层、节理、裂隙、陡峭悬崖、孤峰、洞穴等奇异百态的自然地理景观。另辟有野生动物驯养观景区，有“鹿苑”、“麝囿”景点，沟谷蜿蜒，林深茂密，观赏鸟类众多，别有情趣。

皇城秋景

3. 胭脂川—胭脂峡游览线

以丹霞地貌地质景观为主，其次为外动力地质作用形成的景观，有胭脂峡路线、峰沟路线和台沟路线。代表性的景点有鹰哺图、通天洞、石林佛塔、玉帝望北斗、斑马山、古城神韵、将军出征、大象山、崆峒大佛等。乘旅游车沿胭脂川溯源而上，有景点“露芳圃”、“二郎石”、“二郎洞”、“桃源洞”、“钻羊洞”、“胭岩瀑布”等，游人可在二郎石处下车经寺沟桃花坪登山，也可在峰沟沿沟而上，观赏石林、石柱、人字洞、姊妹峰等奇特的地貌景观和外动力作用形成的地质景观。

4. 弹筝峡游览线

以山水风光旅游为主，其次是丹霞地貌景观和人文景观，有水上游艇路线、山边公路路线和峡谷步行路线，交通方便。

在水库坝下建有水上乐园，可开展划船、游泳、垂钓等水上活动；沿库区两岸远眺群山秀峰，有崆峒垂钓、香山双瀑、古寨、聚仙

天台烟云

雪松映塔

桥等景点，岸边有芦苇、葡萄茎等沼泽群落植被。两侧“V”形沟谷遍布，沟谷底部有水生藻类植物（丝藻、轮藻及绿藻），沟岸灌木丛生，草本植物与木本植物四季开花不断，芳香宜人。

5.十万大峡谷游览线

以深沟、幽峡、森林等地质风光旅游景观为主，交通条件较差，主要靠步行。可观赏季节性瀑布、断块山和斜冲叠置断层，有长城烽火、擎天柱等景点，形态逼真，气象万千。

6.宗教文化游

崆峒山因轩辕黄帝问道于广成子而被誉为“道源圣地”，道、佛、儒三教共尊，和谐相处，以皇城（皇城建筑群、“八十一化图”、九光殿、雷声峰建筑群、棋盘岭和三教洞）和塔院（大雄宝殿、千佛殿和凌空塔）等为代表。

雾锁老君峰

崆峒武术

7. 武术寻根游

东门—中台—参观金庸题字碑—南台祭拜崆峒派第十代掌门人墓—皇城。寻访崆峒武术与道教文化的历史渊源和文化传承，夜宿崆峒山庄，清晨看道士、高僧习武，寻访参观古人的习武洞穴，在崆峒古镇观摩崆峒武校学生的习武场面。

8. 避暑休闲游

从东门（或西门）至中台，游览主峰（朝天门、上天梯、三教洞、皇城等），沿雷声峰方向返回中台，游览东台、塔院、北台和紫霄宫等景点。游客可根据体力，时游时歇，充分享受景区的“自然空调”和“天然氧吧”。

晨光胭脂峡

自驾车路线

游客赴崆峒山，从三个周边主要城市——西安市、兰州市和银川市到达。

1.西安—咸阳市—礼泉县—乾县—永寿县—彬县—长武县—泾川县—平凉市（270km）

2.兰州市—榆中县—定西市—会宁县—静宁县—平凉市（290km）

3.银川市—吴忠市—中卫市—固原市—平凉市（370km）

4.庆阳市—泾川县—平凉市（120km）

5.宝鸡市—华亭县—平凉市（180km）

6.天水市—庄浪县—平凉市（260km）

温馨提示

气温

平凉市地处甘肃省东部，位于陇东高原之上，境内地形复杂，气候多样。平凉市境内大部分地区属于温带半湿润气候，气候温和，四季分明，降水量较为丰富。崆峒山是山地景区，早晚温差较大，温度在8～24℃之间，建议穿T恤或衬衣，携带外套，穿平底鞋。

崆峒山四季看点

春观山花烂漫，夏品翠郁清凉，秋赏层林尽染，冬看银装素裹，四季都有美景。特别是忽而烟笼雾锁，忽而云海飞瀑，朝观日出，夕望残阳，都给人以无限享受。

平凉市娱乐服务设施简介

KTV总汇

A.开心百分百旗舰店

地址：平凉市西景园地厅

电话：0933—8210199

B.经典丽都

地址：平凉市广成路口

电话：0933—5982988

C.豪都夜总会

地址：平凉市南门苑小区

电话：0933　8231088

D.路易王朝

地址：平凉市世纪金鼎九楼

电话：0933—5980180

E.7号公馆

地址：平凉市新民花园18楼

电话：0933—8224777

F.金水量贩

地址：平凉市公园路口

电话：0933—8215668

G.皇家国际俱乐部

地址：平凉市汽车东站华陇宾馆二楼

电话：0933—8619198

H.BOSS国会

地址：南门什字

电话：0933—8239088

西餐咖啡

A.天上人间西餐咖啡厅

地址：平凉市公园路口

电话：0933—8212166

B.映像咖啡

地址：西门口妇幼保健院对面

电话：0933—8211199

C.左岸风尚

地址：广成花园D区4号

电话：0933—8299995

洗浴

A、广成大酒店

地址：平凉市寨子街

电话：0933—8518888

B、金色海岸洗浴中心

地址：平凉市崆峒西路红峰厂上隔壁

电话：0933—8719999

C、弘大足浴养生会所

地址：平凉市崆峒大道金江名都商业广场

电话：0933—8715166

D、成子足道商务休闲会所

地址：平凉市西景园广场向西200m

电话：0933—8718882

E、华辰御所

地址：平凉市崆峒东路9号

电话：0933—8611999

周边游路线

以崆峒山为中心，可辐射出6条联系周边风景名胜古迹的旅游路线：

1.平凉至西安306km旅游线上，分布有泾川县王母宫石窟、田家沟生态园、南石窟寺、瑶池，彬县大佛寺，陕西乾县永泰公主墓、乾陵，咸阳茂陵，杨凌国家级“农科城”等风景名胜区和文物古迹。

2.平凉至兰州424km旅游线上，沿途有成纪文化城、六盘山森林公园、会师楼、兴隆山自然保护区等风景名胜和文物古迹。

3.平凉至银川414km旅游线上，沿途有须弥山、沙坡头、沙湖等风景名胜和文物古迹。

4.平凉至宝鸡216km旅游线上，沿途有华亭石拱寺石窟、崇信龙泉寺、陇县龙门洞、华尖山森林公园、扶风法门寺等风景名胜和文物古迹。

5.平凉至天水162km旅游线上，沿途有庄浪云崖寺，紫荆山，南宋抗金名将吴玠、吴璘墓，秦安大地湾文化遗迹，麦积山等风景名胜和文物古迹。

6.平凉至延安290km旅游线上，分布有庆阳北石窟寺、子午岭森林公园、长庆石油基地等风景名胜和文物古迹。

周边主要景点概况与交通

王母宫石窟

位于平凉市东南75km处的泾川县境内两河汇流处，在王母山东北面，距泾川县不到1km，建于北魏永平三年（公元510年）。王母宫石窟依山开凿，略呈长方形，形若“凹”字，高达12m。窟内造像分3层，中有方体塔柱，直连窟顶。中心柱及三面窟壁均有石雕，有千佛、力士、菩萨以及驮宝塔的白象，多为北魏作品。顶部建造物脱落几尽，现存造像百余尊，主佛像居中，其他依次排列两旁。窟外为清代重修的依山楼阁。经重修后的王母宫大殿及通往大殿的台阶和盘山公路，成为道教信徒朝圣的重要场所。

电话: 0933—3321348

南石窟寺

俗称东方洞，位于泾川县城东7.5km处。背山面水，绿树环绕，景色秀丽。据南石窟寺碑记载，北魏永平三年（公元510年），泾州刺史奚康生造此寺。保存在洞内的南石窟寺碑，有“大魏永平三年”题记，可见晚建于北石窟寺1年。窟龛开凿在泾河北岸红砂岩上，现存5窟，1号东大窟和2号西小窟保存较为完整。东大窟为南石窟寺的主窟，高达13m，宽约17m，深14m，结构独特，造型宏伟。入窟后，迎面三壁围立高达2m多的7尊佛像，两旁有13座胁侍菩萨，形态各异，栩栩如生，为北魏风格。窟顶布满浮雕，内容多为舍身饲虎、宫中游戏之类的佛经故事。雕刻简练概括，线条生动流畅，充分反映了古代的能工巧匠们的聪明才智和对未来生活的美好憧憬。余4窟皆小，剥落处露出早期壁画。其风格与北石窟寺极为相似，故称姊妹窟。窟外崖壁上有小龛10余个，均系北魏、中晚唐开凿。

田家沟

田家沟生态风景名胜区位于泾川县城西北3km处，为国家水利风景名胜区、国家3A级旅游区。景区内有典型的黄土地质及新层构造景观——亿年地质本岩及标准的黄土层剖面，奇特、象形黄土山多处；有壮观的日出、日落景观，云、雾、雨、雪、霜、霞遍布一年四季，蔚为壮观 。

电话: 0933—3321349

成纪文化城

成纪，为静宁古地名。相传，华夏“人文开元第一祖”伏羲孕1纪（12年）而后成，故古人把伏羲诞生地称为“成纪”。伏羲立足成纪故里，放眼黄河上下，开创了华夏文明。为了弘扬成纪文化，静宁县自1996年开始在县城中心修建成纪文化城，先后建起伏羲大殿、博物馆、成纪文化研究院、八卦坛、石刻碑廊等秦汉风格的建筑群。大殿内塑有伏羲青铜圣像，顶绘《河图》等彩画，壁刻伏羲圣迹图，陈列九鼎八簋等礼器，是海内外华人怀古祭祖的圣地。

电话: 0933—2533055

柳湖公园

柳湖公园为国家3A级旅游区、陇东著名山水园林。公园位于崆峒城郭西北隅，西兰公路南侧，东西长480m，南北宽185m，占地8.87万m^2（其中水面2.73万m^2）。距今已有900余年的历史。以“柳中湖、湖中柳”形成独特景观，至今园中仍有100多株“左公柳”。“柳湖晴雪”为“平凉八景”之一。

电话：0933—6466516

柳湖公园

紫荆山

紫荆山公园为国家2A级旅游区，位于庄浪县城内，因山体遍植紫荆树而得名。山上寺庙始为儒、释、道三教活动场所，后以道教为主。“洛河横烟”、“紫荆香霭”等景观以及玉虚宫、五圣宫、三清殿等10多处古迹，令紫荆山久负盛名。

电话：0933—6625587

南山生态公园

南山生态公园

南山生态公园位于平凉城南，俯瞰城区，占地22hm^2。2009年被批准为国家3A级旅游景区。

公园充分利用现有自然生态资源，与崆峒文化紧密融合，造有流水花园广场、音乐喷泉、大型浮雕文化墙、体育健身广场和公园标志建筑“玄鹤楼”等景点，形成自助采摘果园和玉兰园、樱花园、丁香园、银杏园、牡丹园和竹菊园6个名贵观赏树木专类园，是一座建造档次较高、环境优雅的山地生态公园，更是平凉又一处融自然生态、人文旅游和休闲健身于一体的综合性公园。公园自2007年营运至今，接待了国内外大批游客。

电话：0933—8493711

云崖寺

云崖寺景区位于庄浪县城东28km，海拔1402~2857m的关山之上，融石窟艺术与天然美景于一体，为国家级森林公园。山崖悬空，层峦叠嶂，洛水凝碧，是天然的旅游胜地。景区境内有开凿于北魏、北周时期的云崖寺石窟，后经佛、道两教扩建，方圆十里又添8寺，成为汉、唐“丝绸之路”的驿站和雄踞奇峰秀岭中的石窟群。其石窟雕塑，造型端庄古朴、功法严谨，有很高的艺术价值。2010年初被评定为国家4A级旅游景区。

龙泉寺

龙泉寺景区位于芮河北岸，崇信县城北1km处，初建于元代，现为省级风景名胜区和国家4A级旅游区。这里山清水秀，林荫蔽日，飞岩高悬，水溢岩石，滴沥成泉，潺潺有声。山岩之上有一龙形千年古柏，山涧有一雕塑飞龙，龙戏溪水，吞云吐雾，彩虹映日，蔚为壮观，堪称奇景。

电话：0933—6124816

古灵台荆山森林公园

古灵台荆山森林公园坐落于灵台县城中台山之上，因满山荆花灿烂，史称荆山。也是灵台八景之一——“荆山日丽”。公园占地413.3万m^2，道路畅通，服务功能齐全，自然景观与人文景观融为一体，相得益彰，初步形成了自然生态、历史文化、民俗风情、休闲娱乐、科普教育五位一体的旅游景区。以古建筑为特色，形成了荆山门、三贤祠、德化廊、朝晖亭、夕照亭、日月亭、关公殿、灵通门、玉皇阁、博物馆、休闲广场、东沟景观湖等人文景点，是旅游观光、休闲娱乐、怡神养性的理想胜地。现为国家4A级旅游景区。

电话：0933—6625587

莲花湖公园

莲花湖公园位于华亭县城内，宽阔的仪州大道直通景区，于2009年被评为国家3A级旅游景区。公园依山傍水，背靠风景优美雷神山，脚临碧波盈盈汭河水。景区内3.53万m^2观赏水域，音乐喷泉翩翩起舞，朵朵莲花给水面带来不少生机。湖边曲桥栈道、假山阁亭、园林小品、雕塑群等让人目不暇接。进入园区，移步换景，让人流连忘返。春来绿草如茵，夏日微风送爽，秋天硕果累累，冬季湖面如镜；春可踏青，夏可消暑，秋可摘果，冬可滑冰。一年四季，景色各异。目前，是华亭县最大的休闲、观光中心。

电话：0933—7728609

米家沟生态园

小巧玲珑的米家沟生态园位于华亭县东峡林场场部西侧，占地186.67万m^2，居县城5km，华纪路横穿而过，交通十分便利。景区平均海拔1600m，年平均气温7~8℃，森林覆盖率67.6%，植被丰茂，林壑优美，动植物资源丰富，自然景观独特。春日桃花烂漫，灿若朝霞；夏季绿意盎然，浓荫蔽日；深秋漫山红遍，层林尽染；隆冬白雪皑皑，银装素裹；雨后雾起山谷，群山隐现；晴天雀噪蝉鸣，小桥流水，犹如世外桃源。其中，尤以树龄达30多年的油松人工林为一大景观，一年四季苍翠挺拔，郁郁葱葱，若置身其间，微风过处，松涛阵阵，犹如海潮袭来，蔚为壮观，是森林生态旅游的首选之地。景区前是巨型雕塑般的山门，水丝如缕小型瀑布、水纹荡漾人工湖、别具一格铁锈红色主道、凌空飞架吊桥、纯朴天然小木桥、曲径通幽林荫小道等景点点缀山间，玻璃钢智能音箱于漫山遍野之中传来天籁之音，流连其间，恍若世外桃源。仿古窑洞、蒙古包、餐饮中心、茅庵、森林别墅等可全方位满足游人食宿、休闲、娱乐、聚会等各种需求。

电话: 0933—7721136

双凤山公园

双凤山,位于华亭县城南0.5km处,它与华亭县城隔汭水而呼应，因鸟瞰状若双凤叠翅，翱翔于城南山巅水滨之上而得名。景区有公园广场、儿童乐园、成人游乐场、滨河路休闲区、山间游览区共5个功能区。

电话: 0933—7722142

太统森林公园

太统森林公园位于平凉市城区西南9km处，海拔2234m。“太统”之意，一取统一天下之大业，二指山之高大。山上林木茂盛，灌木丛生，盛产蕨菜、野葱、野百合等植物。春秋季节，山巅常有积云，称为“太统屯云”，为平凉一景。1993年，甘肃省人民政府将其确定为省级森林公园。

太统山庄是太统森林公园主要景点之一，国家2A级旅游点，是一个集森林观光、旅游、度假、避暑、住宿于一体的旅游接待场所。

电话：0933—8714244

大佛寺

大佛寺

大佛寺旧名庆寿寺，位于彬县城西10km的泾河南岸，唐贞观三年（公元629年）建。大佛窟平面呈半圆形，直径约21m，高30m，窟内有石雕佛像3尊。大佛依岩趺坐居中，高24m，上体穿窟室中心而立。两旁为胁侍菩萨，身高5m左右，造型优美生动，雕刻精细。窟壁凿小佛龛各种造像400个。大佛洞、千佛洞、罗汉洞是其中保存有造像的主要洞窟。

联系电话：029—36878129

永泰公主墓

永泰公主墓位于乾县北部，1960～1962年发掘，属封土堆墓。其墓穴是用砖砌的，由墓道、过洞、天井、甬道、墓室构成，全长87.5m。墓道是一条宽约2m的斜坡，进入过洞直至狭窄的甬道，两旁洞墙内有6个小龛，里面放着彩绘陶俑、骑马俑、三彩马及陶瓷器皿等随葬品，造型逼真、工艺精湛。从墓道到墓室还绘有丰富多彩的壁画，有宫廷仪仗队以及天体图、宫女图等。尤其是墓室中放置的一具石椁，石壁上雕刻着15幅仕女人物画，其造型之美，实为罕见。

电话：029—35510222

宫女图

茂陵

茂陵是汉武帝刘彻的陵墓，位于西安市西北40km的兴平市（原兴平县）城东北南位乡茂陵村，现为全国重点文物保护单位。公元前139～前87年间建成，历时53年。

汉武帝建元二年（公元前139年），武帝刘彻在此建寿陵，公元前87年武帝死后葬于此。茂陵建筑宏伟，墓内殉葬品极为豪华丰厚，史称“金钱财物、鸟兽鱼鳖、牛马虎豹生禽，凡百九十物，尽瘗藏之”。

茂陵封土为覆斗形，现存残高46.5m，墓冢底部基边长240m，陵园呈方形，边长约420m。至今，东、西、北三面的土阙犹存，陵周陪葬墓尚有李夫人、卫青、霍去病、霍光、金日磾等人的墓葬。它是汉代帝王陵墓中规模最大、修造时间最长、陪葬品最丰富的一座，被称为“中国的金字塔”。

电话：029—38456140、38456438

杨凌

位于陕西关中平原中部，历史悠久，文化底蕴深厚，是中国农耕文明的发祥地。4000多年前，农业始祖“后稷”在这里“教民稼穑、树艺五谷”，开创了中华农耕文明的先河。1997年7月29日，经国务院批准，国家杨凌农业高新技术产业示范区在杨凌正式成立。如今，杨凌被称为中国的“农业硅谷”，也是世界著名的农科城之一。

六盘山森林公园

六盘山又称陇山，地处宁夏南部，位于西安、银川、兰州三省会城市所形成的三角地带中心。六盘山主峰在宁夏固原、隆德两县境内，海拔2928m。山体大致为南北走向，长约240km，是陕北黄土高原和陇西黄土高原的界山及渭河与泾河的分水岭，曲折险峻。古代盘道六重始达山顶，故名。山的东南陲有老龙潭胜迹，为泾水源头之一。

六盘山绵延百余千米，有4万多公顷天然次生林，是我国西部泾河、清水河、葫芦河的发源地，其独特的地理位置和巨大的生态功能对贫瘠干旱的宁夏南部山区的广阔地域环境起着十分重要的湿润调节作用。近年来，宁夏在六盘山相继建立了自然保护区和风景名胜区。六盘山历来有“春去秋来无盛夏”之说，最高峰米缸山海拔2942m，登上峰顶远眺，朝雾迷漫，云海苍茫，日出云开，只见层峦叠嶂。春来绿树杂花，天地清澄；夏时凉爽宜人，风光独特；秋时红叶满山，层林尽染；冬时雪尽穷野，银装素裹。

会师楼

位于会宁县城西，即原城门楼“西津门”。1936年10月8日，中国工农红军一、二、四方面军在会宁会师。1958年，会宁县人民政府为纪念红军会宁会师，将此楼改为会师楼，“西津门”更名为“会师门”，并多次维修加固。会师楼为歇山顶楼阁建筑，上下二层，砖木结构，面宽三间，南北开门。下层为革命文物陈列室。城门为拱券顶，高7.5m，城墙高8.2m，城墙两端各向下延伸30m，南面砖砌阶梯可登城墙。

1986年4月20日，在距会师楼100m处破土动工修建会师塔，10月10日竣工。会师塔高28.78m，共11层，下九层三塔环抱，至十层合为一体，十一层收顶。邓小平同志题写的“中国工农红军一、二、四方面军会师纪念塔”，以汉白玉雕成16m长的条幅，白底红字，镶嵌在塔的正面。塔为钢筋混凝土结构，塔中螺旋式阶梯直通塔顶。结构严密，造型雄伟。

兴隆山自然保护区

位于兰州市榆中县城西南5km处，距兰州市60km。古代曾因“常有白云浩渺无际”而取名“栖云山”，现名为兴隆山。兴隆山是距兰州市最近的国家级森林公园。主峰由东西二峰组成，东峰“兴隆”海拔2400m，西峰“栖云”海拔2500m，二峰间为兴隆峡，有云龙卧桥横空飞架峡谷。现栖云峰有混元阁、朝云观、雷祖殿等殿阁；兴隆峰有二仙台、太白泉、大佛殿、喜松亭、滴泪亭等景点。

电话：0931—5251029、8419863

宁夏沙坡头

沙坡头旅游区位于宁夏中卫市城西16km处，是国家首批5A级旅游景区。是宁、蒙、甘三省（区）的交界点，黄河第一入川口，是欧亚大通道，古丝绸之路的必经之地。旅游区东起沙坡头水利枢纽堤坝，西至黑山峡宁夏、甘肃交界处，以沙坡头黄河两岸山水田园以及北部的腾格里沙漠为核心。沙与河这对本不相融的矛盾体，在沙坡头却被大自然的鬼斧神工巧妙地结合在了一起。沙堤高耸，河水奔流，沙为河骨，河为沙魂，相依相偎，和谐共处。沙、山、河、园荟萃，似抒情诗，如风情画。

电话: 0955—7681481、 7689333

沙坡头

沙湖

沙湖生态旅游区以其独具特色的湖水、沙山、芦苇、飞鸟、游鱼的有机结合，成为大名鼎鼎的旅游胜地。沙湖地处宁夏石嘴山市与平罗县之间，距石嘴山市区26km，距首府银川56km。国道与包兰铁路傍湖而过，姚叶高速公路直达沙湖。景区总面积为80.10km^2，其中水域面积45km^2，沙漠面积22.52km^2。沙湖以自然景观为主体，沙、水、苇、鸟、山五大景源相融互补，构成了独具特色的秀丽景观，是一颗融江南秀色与塞外壮景于一体的“塞上明珠”。

电话: 0952—6684025

实用资讯

(1) 旅游投诉：

0933—8510201

(2) 旅游咨询：

0933—8510202

(3) 紧急救援：

120

0933—8510003

(4) 公园景点的联系电话

旅游集团：0933—8718181

客运公司：0933—8510110

索道管理站：0933—8498399

崆峒山庄：0933—8510105

素斋坊：0933—8510102

导游服务中心：0933—8510202

崆峒国旅：0933—8237286

地接中心：0933—8713339

公园电话:0933—8510202

(5) 交通购票机构联系电话

平凉汽车西站咨询电话：

0933—8712534

平凉汽车东站咨询电话：

0933—8631271

平凉火车站咨询电话：

0933—5972222

飞机票购票处咨询电话：

0933—8211777

出租汽车管理办公室电话：

0933—8636996

(6) 医院

平凉市医院联系电话：

0933—8213455

平凉市中医骨伤医院联系电话：

0933—8613336

平凉市红十字会医院联系电话：

0933—8231126

平凉市妇幼保健院联系电话：

0933—8212806

过绘画、切裁、编织、装潢等多道工序才能完成。先在宣纸上绘好图画，再将画切成1mm左右的条缕作为经线，另取空白宣纸切成与经线相同的纸条作为纬线，然后经纬交错编织。编织的作用就在于中和原画稿色彩，突出编织网点的艺术效果。编织后的画如浮云轻纱，烟笼雾锁，观之似隔帘赏月，高雅深远，妙不可言。

纸织画反映的题材极为广泛，内容丰富多彩，山水风景、人物肖像、花鸟鱼虫均可成画。但是，由于纸织画制作工艺细腻精巧，而且采用手工制作，加之原料是纸，这便给编织工作带来更大困难。一幅好作品，在行家手里也需多日才能完成，而且一幅适合编织的中国画原作只能编织成一幅纸织画。

◇特色食品◇

静宁烧鸡

静宁烧鸡亦称静宁卤鸡，是静宁传统名食。它以形色美观、外表晶亮、卤色褐红、肉香味厚驰名甘、陕、宁等省（区），是西兰公路上过往旅客争相购买的风味食品。或路途食用，或馈赠亲友，莫不为人称绝，既是筵席美餐，又是滋补佳品。

静宁烧鸡

丹霞地貌景观

巨厚层近水平的红色砂砾岩在流水侵蚀作用下,形成的方山、峰丛、峰林、孤峰、石柱、悬崖等奇峰异石的特殊地貌组合。构成丹霞地貌的岩层以层理十分平缓、裂隙十分发育为特点,地貌形成过程中沿垂直裂隙的崩塌作用也十分明显。

岩石

岩石就是由一种或多种天然矿物组成的固态集合体。地壳中的岩石按其成因可分为三大类,即岩浆岩（火成岩）、沉积岩和变质岩。崆峒山地区主要分布的为沉积岩。

层理

是沉积岩最主要特征之一,也是绝大部分沉积物或沉积岩的外貌特征之一,是区别于岩浆岩和部分变质岩的主要标志。层理是一种层状构造,沿着沉积物堆积方向,由于物质成分或颜色的变化,或由于颗粒大小、外形的

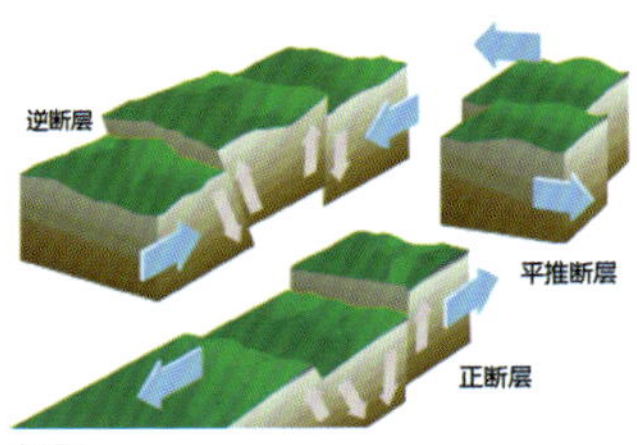

断层

变化等原因而形成的这种层状构造就是层理。

层理的种类很多,有水平层理、交错层理、递变层理、波状层理等,在崆峒山地层以水平岩层为主。

断层

地壳岩层因受力达到一定强度而发生破裂,并沿破裂面有明显相对移动的构造称断层。五台—皇城及香山地质旅游路线的公路边可以清晰地看到形如刀劈或光滑的断层面和发生于白垩系地层的逆断层。

褶皱

是具有面状构造的岩石受到各种压力，产生波浪形成的弯曲变形的现象。褶皱是地壳运动上一种很常见的地质构造形态。向上拱起的为“背斜”，中心地层老，两侧地层新；向下凹曲的称为“向斜”，中心地层新，两侧地层老。崆峒山地区是由三条互为平行的一系列走向南北或北偏西的褶皱轴和冲断面组成的复式背斜，由疏缓褶曲和逆断层上升的断块山构成。

泥裂

又称干裂、龟裂纹，是指泥质沉积物或灰泥沉积物，暴露干涸、收缩而产生的裂隙，在层面上形成多角形或网状龟裂纹，裂隙呈“V”形断面，也可呈“U”字形。裂隙被上覆层的砂质、粉砂质充填。崆峒山地区的白垩系泥岩层面上可以见到十分明显的泥裂（龟裂）现象，特别是香山地质旅游路线公路两侧的山坡地段有大量的分布，旅游时即可见到。

泥裂

岩性

岩性是指反映岩石特征的一些属性，如颜色、成分、结构、构造、胶结物及胶结类型、特殊矿物等。

节理

节理是岩层发生破裂变形，在破裂面两侧的岩层没有沿着破裂面发生相对的移位。节理在岩层中大都成群出现，彼此略相平行，有时甚至两组以上节理互相交织。

节理石

崆峒山文化

有关崆峒山的诗词有多少？

据查，旧版《崆峒山志》载192首，新版《崆峒山志》载232首，《崆峒诗选》收288首。也就是说，大约在300首左右。

最早的崆峒山诗词

从《全唐诗》上查知，那就是初唐大诗人骆宾王的《边城落日》诗，共16句，摘其8句：

紫塞流沙北，黄图灞水东。
一朝辞组豆，万里逐沙蓬。
河流控积石，山路远崆峒。
君恩如可报，龙剑有雌雄。

骆宾王(约627—约684)，浙江义乌人。7岁能诗，先任长安县主簿，后入朝为侍御史。为“初唐四杰”之一。这样一位唐代大文豪，能秉笔题崆峒，而且还占据历史之首，平凉人引以为骄傲。同时，也可以佐证，崆峒山早在初唐时已有僧道庙观无疑，至今约1300余年。

最有崆峒山本质特色的诗词

民间说：太统山是平凉的主山，崆峒山是全国的福山。明赵时春诗曰：“登高还作赋，福地欲平临。”然而，这“福”从何而来？请读宋人游师雄的诗《广成子洞》：

昔闻广成子，不为外虏役。
轩辕屈至尊，稽颡请所益。
至今洞犹存，峭壁宛遗迹。

其诗是说：你看，连上古仙人广成子也不为名利所虏役而居此修炼，真可谓“山不在高，有仙则名；水不在深，有龙则灵”。一时间，华夏大地上人皆往之，而首当其冲的便是轩辕黄帝在前，秦皇汉武在后，既为自己祈寿，也为国家祈福。特别是秦始皇在崆峒山首开中华民族祭黄帝之先河，并列为国家大典，留下千古佳话。所以，游师雄的这首《广成子洞》诗可说是最具崆峒山本质特色的诗——是有广成子修道；二是有黄帝问道。古人云，天下崆峒有七，而有广成子和黄帝者属真。这诗是颂诗，也是证诗。

游师雄，北宋京兆(武功)人。宋治平元年中进士，这首诗是他任仪州司户参军时游崆峒山所写。本有诗碑，可惜今佚。

最有气势的崆峒山诗

这当然要数清人谭嗣同的《崆峒》七律诗了。

斗星高被众峰吞，莽荡山河剑气昏。
隔断尘寰云似海，划开天路岭为门。
松拿霄汉来龙斗，石负苔衣挟兽奔。
四望桃花红满谷，不应仍问武陵源。

谭嗣同，湖南浏阳人，清末资产阶级改良运动的政治家、思想家，“戊戌六君子”之一。曾游历大半个中国，因其父在兰州做官，所以他多次去兰州探父而路过平凉，并登崆峒、写壮诗，留下千古名篇。常言说，诗品即人品，写诗即言志。谭公足登崆峒山，心想变法事，胸怀坦荡，气吞山河，笔扫阴霾。世人只觉得诗如山重，人比山高。

最有军事战略价值的崆峒诗

崆峒山，自古是宗教圣地，尤其是道教圣地，可以说人皆知之。而若说是战略要地，却鲜为人知。

杜甫有诗为证：“防身一长剑，将欲倚崆峒。”（《投赠哥舒开府翰二十韵》）

还是老杜的诗笔犀利，寥寥10个字，便把崆峒山胭脂峡，即笄头古道(六盘第一道)的关隘险要、易守难攻的军事地形道了个明白。

清人林则徐是政治家，更是军事家，他在《出嘉峪关感赋》诗中写道：“塞下传笳歌敕勒，楼头倚剑接崆峒。”诗中把崆峒山的战略地位提高到长城、大漠和嘉峪雄关的高度，也是不无道理的。

最具亲情味的崆峒山诗

那就是唐朝著名诗人李白“怀祖先认老乡”的诗。题目是《赠张相镐二首》，此其第二首，共36句，属五言古风诗。引前面8句：

本家陇西人，先为汉边将。
功略盖天地，名飞青云上。
苦战竟不侯，当年颇惆怅。
世传崆峒勇，气激金风壮。

为什么说李白诗中含有亲情味呢？首先，他说祖居陇西成纪；其次，他说祖先身上有崆峒之勇气，而且还是世代相传下来的，也就是说，他祖籍是在崆峒(包括静宁)地区一带无疑。